十万个为什么 100000 WHYS

植物私生活

少年科学馆

葛斌杰 廖鑫凤 李晓晨 等 著

少年儿童出版社

作者简介

葛斌杰　上海辰山植物标本馆馆长，国家重要野生植物种质资源库高级工程师，华东师范大学植物学硕士。

廖鑫凤　科普作者，中国科学院昆明植物研究所植物学硕士。

李晓晨　上海辰山植物标本馆标本管理员、采集员。

钟　鑫　国家重要野生植物种质资源库工程师，自然摄影师，毕业于武汉大学、美国密苏里植物园。

陈怡芸　法国索邦大学进化生物学硕士。

陈　彬　上海辰山植物园首席工程师，自然标本馆平台 (www.cfh.ac.cn) 创始人，中国科学院生态学博士。

陈相洁　中国科学院南京地质古生物研究所孢粉学硕士研究生。

周子渝　少儿科普编辑、作者，四川农业大学风景园林硕士。

史　军　科普作家，中国科学院植物学博士。

图片来源

维基百科、视觉中国、Flickr、Pixabay

插　　图

翟苑祯

序

　　我从小是看着《动物世界》长大的，那句"春天来了，万物复苏，又到了动物们交配的季节"曾经吸引了多少人停下匆匆脚步，一窥动物们的私生活，走进神秘的自然世界。1995 年，由大卫·爱登堡出镜讲解的纪录片《植物私生活》亮相荧屏，引进国内后受到高度好评。这部 6 集的纪录片让很多人第一次意识到原来植物的私生活也是如此有趣，在辨识植物的过程中不再满足它是什么、结构特征如何，而会进一步探索这些结构背后可能发挥的功能。随着人们观察植物世界的视野被打开，植物也显露出了更多的自然"智慧"。

　　今天，全球超过 30 万种丰富多样的植物有着难以估量的生态、经济、文化和科学价值，更是蕴含着解决人类可持续高质量发展问题的巨大潜力，是人类共有的资源宝库。习近平总书记曾对新时代的科普工作者明确指出："科技创新、科学普及是实现创新发展的两翼，要把科学普及放在与科技创新同等重要的位置。"作为在植物园标本馆工作的植物学工作者，我们在野外调查和分类学研究过程中有意无意积累了许多鲜为人知的植物知识，感慨其对环境适应能力的多样性谱就了一段段精彩的演化乐章。

　　著书和写科普短文不同，一本书要有一定的体量，更要有完整的结构，并且需要从不同角度去呼应主题，对于作者的要求很高。在本书的策划过程中，我们经历了头脑风暴、痛苦的选择、大量的补充阅读和资料检索，也因此得到了诸多科普圈达人，如史军、廖鑫凤、周子渝、陈怡芸、陈相洁等的加盟，在经过整整两年的撰写、审订、返修之后，如今终于付梓。

　　细心而专业的编辑将 26 篇短文精心编排成"登陆发家史""开枝散叶时""花里花外事""奇葩超能力""植物工作记"五个篇章，故事线沿着植物成功登陆、适应陆地生活后的迅速扩散与繁盛、进入人类世界以来面对的新问题去叙述。书中包括了"植物的老祖宗长什么样？""第一粒种子是怎么结出来的？""植物如何避免'近亲结婚'？""已经灭绝的植物还能复活吗？"等特别容易激起小读者好奇心的有趣话题。

　　通过本书的编写我们深感科普工作的不易，要想写好一篇科普文章，解释清楚一个现象或知识，毫不亚于写出一篇优秀的科研论文。

　　谨以此书向科普工作的先行者们致敬，也期待本书的出版，能够影响新一代人继续加入到认识植物、理解植物、热爱植物的队伍中来。

2022 年 11 月于上海辰山植物园

目 录

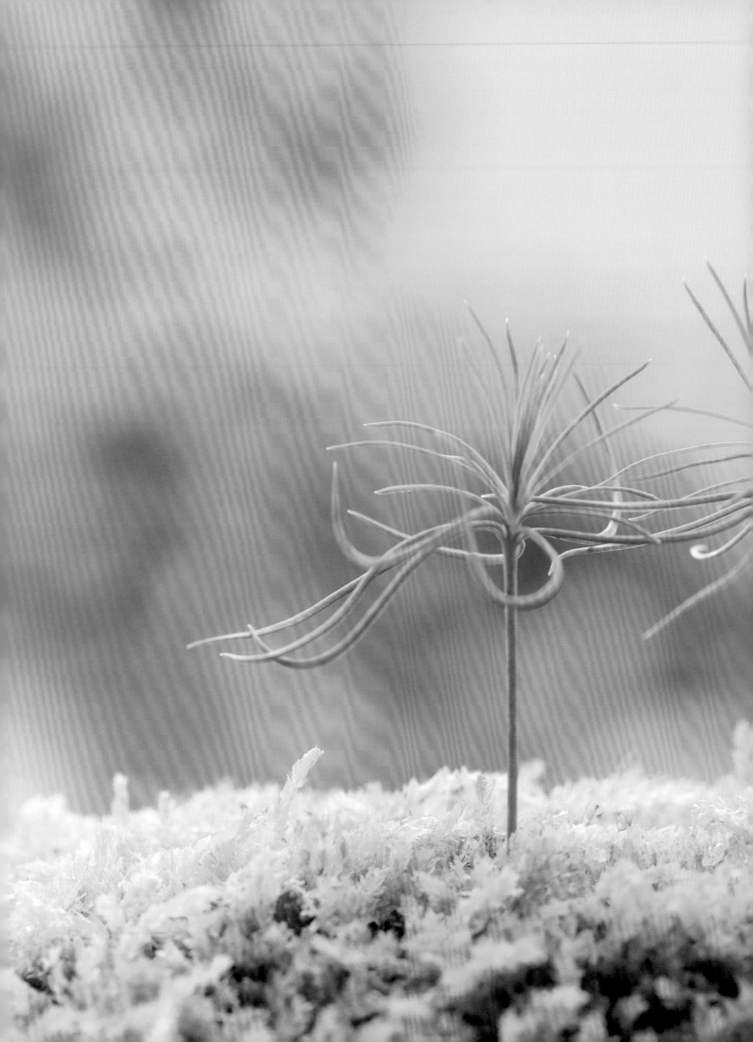

登陆发家史

不会动的都是植物吗？

过去，人们对万物的认识有局限，把肉眼能看到的简单地划分为"会动的"动物和"不会动"的植物。随着科学研究的发展，我们不仅认识到许多生命形式是肉眼看不见的（它们可能既不属于动物也不属于植物），就是我们肉眼能看见的生命，也有许多"动物"和"植物"所不能囊括的例外。

多种多样的食用菌都属于真菌，不是植物

菌菇是植物吗？

你一定在餐桌上吃过爽滑可口的蘑菇或木耳吧？这些在超市里常常标成"食用菌"并和蔬菜放在一起的是植物吗？

如果你去过生产蘑菇的暖棚，或者从市场上买过培养包自己种蘑菇，就会发现：蘑菇的生长完全不需要阳光，只需保持适当的温度，往蘑菇培养袋上浇浇水，过几天就冒出一把把小伞了。蘑菇培养袋里是蘑菇专用的培养基（提供了足够的营养），其中接种了蘑菇菌丝。这些自带"便当"的菌丝在适当的水分、温度条件下就能长出用于繁殖的子实体，也就是我们见到的蘑菇——整个过程并不需要光合作用。从分类学的角度来看,蘑菇、香菇、木耳都属于真菌。它们虽然和植物一样不会动，却不属于植物——它们和动物的亲缘关系甚至比植物更近。

藻类是植物吗？

你是否见过夏天家里没及时换水清洗的鱼缸里长出黏糊糊的绿"丝线"，或者绿色池塘的水面上漂着一片片绿色的"丝绵"……这些也是生命，它们能够进行光合作用，统称藻类。这些藻类虽然能够进行光合作用，却与我们熟悉的植物有着全然不同的生长和繁殖方式。除了绿藻以外，这些藻类和植物的亲缘关系也比较远，已被分类学家排除在植物之外。

常见的藻类

细胞极小，在显微镜下像串珠一样，那是蓝藻（或称蓝细菌）；在显微镜下可以看到石头一样的硅质外壳，称为硅藻；还有你熟悉的海带和紫菜，分别属于褐藻和红藻；鱼缸里长出的绿色"丝绵"则往往属于绿藻。

雨后草地上的"地皮菜"是一种蓝藻

藻类虽然像植物，但不属于植物

地衣是植物吗？

你有没有注意过石头上长着暗绿色或者黄绿色的花纹，用手搓一搓便会破碎掉落——这是地衣。它们能进行光合作用却也不是植物，而是由一种或两种藻类与真菌共生在一起的生命共同体：真菌提供了框架结构，如同一座能持续生长的房子，供藻类居住；藻类则进行光合作用，为真菌的生长提供了营养。两者结合，便能在最严酷的自然环境中生存，比如南极、北极、青藏高原裸露的岩石上也能看见五颜六色的地衣。它们能分泌草酸，腐蚀岩石，长年累月中，形成了最初的土壤。地衣虽然不是植物，却为将来这些荒地上苔藓、草或灌木等植物的扎根乃至森林提供生长的基础。

这些生命虽然不会动，甚至像植物一样带着绿色，却不是真正的植物。真正的植物就算矮小如苔藓、蕨类，高大如巨树，形态万端，却都有着双层膜的叶绿体。相信你读完本书，心中自然就有了答案。（钟鑫）

生活在岩石表面的一种壳状地衣

植物的老祖宗长什么样？

植物的起源一直是植物学家关注的热点。据推算，能从太阳光中提取能量（即进行光合作用）的绿色植物最早出现在古元古代（25亿～16亿年前）和成冰纪（7.2亿～6.35亿年前）之间。

谁是最早的绿色植物？

分析了近些年不断发掘的化石，科学家基本确定生活在海洋里的绿藻是最古老的绿色植物。可遗憾的是，绿藻化石记录十分缺乏，不足以支撑科学推断。如今，在中国辽宁省有10亿年历史的南芬组地层中发现了一批距今10亿年的绿藻化石。

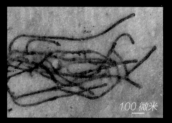

100 微米

发现于中国辽宁省的10亿年前的绿藻化石（图源：袁训来）

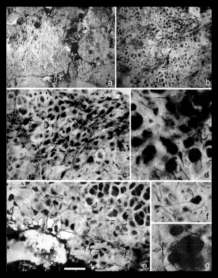

发现于中国贵州省瓮安县的地衣化石是目前已知最古老的（图源：袁训来）

第一批登上陆地的植物是谁？

大概在6亿年前，真菌与和绿藻的共生体——地衣出现了，它们是地球上第一批登上陆地的生命先驱。在此之前，生物都生活在海洋里。目前，世界上最早的地衣化石来自中国贵州省瓮安县，发现于陡山沱期磷矿石层中。多亏了地衣，它们的出现改造了地球表面的岩石圈，为后来的生命在陆地上生存创造了条件。

谁又是最早的陆生植物？

真正的陆生植物得具备以下三个条件：起输导和支撑的维管束；防止和调节水分蒸发、进行呼吸和光合作用的角质层和气孔；繁衍后代的孢子或种子。就此而言，目前世界上公认最早的陆生维管植物证据是顶囊蕨化石，发现于爱尔兰的志留纪温洛克世晚期地层。

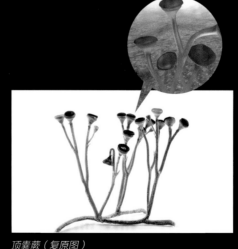

顶囊蕨（复原图）

地衣

蕨类

裸子植物

开花植物
（被子植物）

植物的演化之路

绿藻（祖先）

最早的那片森林在哪里?

无树不成林，森林出现的一个重要条件就是要有高大的乔木。当然啦，如果只有一棵树的话，也不能称为森林，所以古植物学家一直在苦苦寻觅地球上第一片能称之为森林的地方。1875 年，在美国纽约州吉尔博阿河边采石场发现了数百个大型树桩的化石。更难能可贵的是，这些树桩由于被砂岩填充，相对完整地保存了下来。经过长达百年的研究（其间曾因采石场关闭不得不中止），古植物学家认定这里就是最古老的森林（形成于 3.68 亿年前的中泥盆纪晚期），且构成这个古老森林的植物主要有 3 类：高大的枝蕨类植物（一种早已灭绝的早期蕨类植物）、石松类植物和无脉蕨植物（一种前裸子植物）。

（陈怡芸）

10 亿年前生活在海洋中的微型绿藻丛，如今已经都成了化石
（图源：杨定华）

为什么植物最早出现在海里?

如果说海洋是生命的摇篮,陆地则是生命的展览馆。众所周知,地球形成于46亿年前,然而直到距今约40亿年的冥古宙晚期,生命才因为原始海洋的形成而具备了条件。植物的祖先——具光合作用能力的真核生物就起源于距今约15亿年前的海洋中。可今天大部分植物明明都生活在陆地上,为什么最初的植物不出现在陆地而是海洋呢?

其实,这是个关于生命起源的终极问题。目前大部分科学家相信,地球环境曾与现在大不相同:没有大气层的保护,陆地生态系统条件恶劣,紫外线强度高达现在的1万倍,单单这一点就足以让任何生物无所遁形,更不用说大大小小的陨石雨、频繁的地质活动……就算是具有光合作用能力的真核生物,也在海洋中蛰伏、演化了10亿年之久!

植物是如何登上陆地的?

最新的研究发现,最早登陆的是一类淡水链型绿藻(轮藻和链丝藻)。这是一类天生掌握"转基因技术"的藻类,它们能从土壤细菌中"借"来两大类科学家称为 GRAS 和 PYL 的重要基因——这些基因可以帮助藻类具备抗逆性*、抗干旱、抗强紫外线以及与细菌和真菌共生的能力。

正所谓厚积薄发,终于打通"任督二脉"的藻类经历了快速演化,在接下来不到2亿年(距今5.2亿~3.5亿年)的时间里完成从水生、半水生、占领近水陆地环境到最后占领不同生态系统(也就是可以完全脱离水环境)生息繁衍的进程。到了泥盆纪,石松类、楔叶类和前裸子类植物形成了地球史上最繁盛的植被。正是拜这些植物所赐,人类获得了今天重要的能源物质——煤。

植物祖先诞生之时陆地环境极其恶劣,没有海洋的保护,任何生物都难以生存

被称为"海草"的开花植物全世界大约有 **72** 种。

泥盆纪的陆生植物是煤的"前生"

---

* 植物的抗逆性是指植物具有的抵抗不利环境的某些性状;如抗寒、抗旱、抗盐、抗雨虫害等。植物的抗逆性主要包括两个方面:避逆性和耐逆性。

已经登陆的植物为什么会重返海洋？

经历千难万险才成功占领各类陆地环境的植物，在自然环境不发生翻天覆地变化的情况下，几乎不存在重返海洋的可能性。但也有少数例外！

在水质良好的浅海区，还有一类被统称为"海草"的开花植物，它们完全适应了盐水环境。由这种植物构成的海底海草床，为其他动物提供了栖息、进食和繁衍的场所，并共同构成了极丰富的生物多样性。

海草的祖先曾随着浩浩荡荡的植物登陆大军登上了陆地，却在距今 1.4 亿年前重返海洋。科学家通过基因组测序的手段逐步揭示海草基因的演变过程，这对于今后科学家研究提高植物耐盐能力，让更多的盐渍土地也能种出农作物具有深远的意义。（**葛斌杰**）

登陆"闯三关"

从水生环境进入陆生环境，植物经历了"脱胎换骨"的演化，简单来说就像"闯三关"。

第一关，要能够"站"起来，也就是要形成具有支撑与输导功能的维管组织。

第二关，学会防晒和呼吸。陆生植物体表会有防止水分过度散发的角质层和可供气体交换的气孔。

第三关，为后代生长保驾护航。现在占领各种生态环境的种子植物，就是通过种子完成后代的散播与繁殖。

巨藻森林

海菖蒲的雌花

植物如何适应缺水的陆地生活？

那些曾经源自海洋的植物离开了水环境，究竟是如何适应缺水的陆地生活呢？不妨看看今天那些内陆植物如何适应远离海洋、缺水少雨的荒漠生活。

热带的内陆由于长期被下沉的高压气团所影响，降水很少或者极度不均，有明显的雨季和旱季——旱季时可能连续好几个月滴雨未落，雨季时也常常只有一两场暴雨，甚至只有雾气，蒸发量却极大。这些荒漠或半荒漠地区的植物要生存，水就是第一大挑战。没有水，植物只能干渴而死。尽管如此，我们还是可以在这样干旱的条件下见到郁郁葱葱的植物，只是它们的形态已经完全改变了。

如何开源节流？

你一定见过仙人掌，它们就是荒漠植物的典型。仙人掌的刺，其实是退化的叶子。在荒漠里，大部分植物的叶子都缩小甚至退化消失了。叶子缩成针的最大好处是减少了气孔的数量。叶子上的气孔本是植物从外界吸收二氧化碳、放出氧气的"小门"，但同时也是水分从植物体逃离的通道。湿润环境里的植物水分充足，通过开放气孔的蒸腾作用可以把水汽运送到高处。荒漠里的植物如果开放气孔，那么很快就会因为缺水而自顾不暇。因此，叶片退化或者表面变厚实、气孔消失就是减少水分流失的第一招。

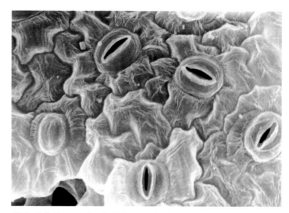
植物叶片表面眼睛一般的气孔是气体进出的小门，也是水分子逃离的通道

冷知识

荒漠植物储存水分的位置不只是茎，芦荟等植物会把水储存在肥厚的叶片里；龟甲龙会把水储存在靠近根部的茎中，干旱的时候地上有叶子的部分都死亡，整株植物看上去和石头没什么区别，但雨季来临时，又会萌发出新芽。

干旱时，龟甲龙只留下石头样的储水茎干

如何未雨绸缪？

适应干旱的第二招，就是把自己的茎、叶或者根部变得更加膨大，以储存更多的水分。仙人掌厚厚的绿色部分就是茎——它们把用于光合作用、生产营养物质的"绿色工厂"，全部从叶片搬到了茎里面。仙人掌的根会趁着荒漠难得的降水时间拼命吸收水分，然后储存在肥厚的茎里，以度过漫长的干旱时期。

荒漠植物要生长，"绿色工厂"总是要开工、要吸收二氧化碳的，叶子消失了，二氧化碳从哪里获得呢？仙人掌的气孔也转移到了绿色的茎上，它们只在晚上气温没有那么高的时候打开，把二氧化碳放进来，白天天气热，又把气孔关得紧紧的。

荒漠里的巨人柱是世界上最大的仙人掌，它们用肥厚的茎储存水分（图源：钟鑫）

鹅卵石般的生石花

如何避免被吃？

我们把那些拥有肥厚的茎和叶片的植物称为多肉植物。但在野外，它们除了要面对恶劣、缺水的生存环境，还会遭到动物的取食。毕竟荒漠里极度缺水，这些多汁的植物组织对于动物而言就是很好的水分来源。但植物也不会坐以待毙，它们自有手段对抗：仙人掌退化的叶片成了尖刺，狠狠还击来犯的动物；一些生石花长成了鹅卵石的样子，在石头遍地的荒漠，食草动物很难把它们认出来……真可谓"道高一尺，魔高一丈"！

如何利用时机？

还有一些荒漠植物，为了避开不利的环境，干脆把生命大大缩短。比如，北美西南部荒漠里的沙马鞭和月见草的种子，会在一场暴雨之后的短短数周内，全部同时生长、开花，在龟裂的土地上形成极为壮观的紫色和黄色的"花地毯"，然后结果、死去。它们的种子则开始蛰伏，度过漫长的干旱期。

荒漠植物形成的"花地毯"非常壮观

通过这一系列的方式，离开水环境的植物适应了陆地的风风雨雨，而荒漠里的植物也在烈日和风沙中生存了下来，成为了昏黄中一抹壮丽的生命风景。（**钟鑫**）

开枝散叶时

第一粒种子是怎么结出来的？

俗话说："种瓜得瓜、种豆得豆。"种子是植物繁衍的关键，其所带的基因能确保新长出来的植株和父母一样。种子里还储存着萌发成幼苗时所需的各种营养，保证物种延续。

第一粒种子是什么时候出现的？

最早的种子来自古生代泥盆纪（约 4.2 亿至 3.6 亿年前）一些长着蕨类的叶子又能结种子的植物——种子蕨。在此之前，蕨类植物都是靠孢子繁衍后代。不过，种子蕨的胚珠和花粉附着在其复叶上，还没有形成花的结构。

种子蕨化石

为什么叫裸子植物？

到了古生代晚期，从种子蕨演化出了裸子植物。它们的种子也从单一的孢子分化出了专门着生胚珠的大孢子叶球（雌球花）和产生花粉的小孢子叶球（雄球花），并形成了完整的胚和真正的种皮。但它们的胚珠裸露，没有子房、更没有花瓣，还不能算真正的果实——所以叫裸子植物。

苏铁属于裸子植物（图源：陈彬）

地球上有约 *40* 万种植物，其中 *96.5%* 都会产生种子。

被子植物比裸子植物多了什么？

　　中生代早期演化出了更复杂的被子植物。它们的珠被和子房将新生的胚珠包裹其中，并形成了真正的花和果实，种子也得到了更周全的保护。（陈彬）

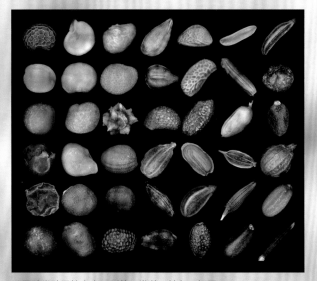

不同种类种子的大小、形状、发芽习性各不相同

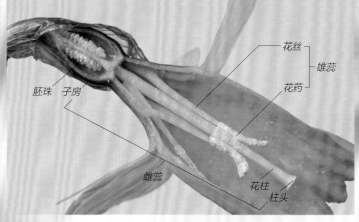

花的典型结构

花丝
雄蕊
花药
胚珠　子房
雌蕊
花柱
柱头

本是同根生怎么全不像?

　　"龙生九子,个个不同",手足同胞在外形等方面各有差异,但这些差异并不大,属于后代间微小的个体差异。植物也是如此,同一个物种产生的后代大体上是相似的,遵循着"种瓜得瓜,种豆得豆"的基本规律。但凡事总有例外,有不少植物能产生两种甚至三种类型的后代——虽然都来自于同一个"妈",种子外形之间的差别却大到像是两个物种……

植物为何要结两种种子?

　　植物主要肩负两大繁衍任务:一是延续自己的家族,二是将后代不断扩散出去,扩充自己的地盘。通常,植物都倾向于将自己的种子尽可能全部扩散出去,这样它们的后代就不用在自己周围为了争夺已有的地盘"手足相残"。

　　可那些能结出不同种子的植物就不一样了,它们既想把种子扩散出去让一些孩子出去闯荡,又想让另一些孩子能继续在祖传的地盘上发展壮大。这也不能算贪心,还不是因为生存压力大:有利的生存空间本就不多,要是把种子全部派出去,很有可能一片适宜的新家园都没找到就全军覆没了……如此一来,家族不仅没有扩张领地,还丢了好不容易打下的基业,这可太惨啦!

　　两全其美的办法,就是让一部分种子去开拓领地,同时让另一些种子留下来守家。这些外形甚至功能完全不同的种子,就叫作异型种子。

谁能结出异型种子?

　　能结出异型种子的植物大多生活在环境较严苛的地方,比如干旱的荒漠。

冷知识

　　生活在伊朗高原的十字花科植物岩芥,会结出两种完全不同的种子:一种种子外形和我们熟悉的油菜种子相似,表面甚至还有细胞黏液,遇雨即吸水,将自己粘在母株周围的土地上等待萌发;另一种种子不但长得不同,还与薄薄的果皮自成一体,随风飞离母株到尽可能远的新天地去。靠着这样的方式,一年生的岩芥得以在高山上一代代繁衍下来,并开拓出新的领地。

岩芥和它的异型种子
(图源:艾尔沙德等,英国伦敦大学皇家霍洛威学院;穆门霍夫等,德国奥斯纳布吕克大学生物化学系植物学组)

据统计，地球上约有**300**种植物会产生两种不一样的种子。

在中国，有一种豆子也会结两种种子，名字就叫两型豆。两型豆的豆子一种结在植株的上部，另一种则埋在土里。上部的种子在成熟后扩散出去，埋在土中的种子则基本不会散布，固守家园。（廖鑫凤）

两型豆的地上花

两型豆的地下闭锁花

两型豆的长豆荚　　两型豆的地下短豆荚

两型豆除了能结出我们熟悉的豆荚，还有一种闭锁花以及在地下结出的地下果（图源：李璐）

最大的种子有多大？

　　植物的种子不仅有千奇百怪的形状、令人眼花缭乱的色泽，它们的重量也千差万别：一粒兰花的种子仅千万分之一克，棕榈科巨子棕的种子成熟时鲜重可达 23 千克——是兰花种子的 200 亿倍。这种大小堪比篮球的种子是已知的最大的种子！

漂洋过海来的吗？

　　巨子棕的学名（*Lodoicea maldivica*）直译为"马尔代夫的椰子"。这源于它们曾在马尔代夫的海滩上被捡到，因而被想当然地认为是一种椰子树所结果实，并且像椰子那样漂洋过海而来。实际上，巨子棕的原产地是在东非的塞舌尔群岛，距离马尔代夫约 2300 千米。而且，它们的种子实在太重，根本无法在海上漂流，是如假包换的"旱鸭子"。

（图源：葛斌杰）

巨子棕为什么长这么大？

　　巨子棕和椰子一样属于棕榈科。棕榈科是单子叶木本植物，无法像双子叶木本植物那样可以不断增粗，幼苗时期有多粗日后基本也不会有太大的变化。例如，我们熟悉的竹在幼笋破土时基部的直径就直接决定了今后竹竿的粗细。在遮天蔽日的热带雨林，大型种子意味着能直接孕育出大型幼苗。巨子棕第一片叶子的叶柄就长1.5 米，巨大的种子还可以持续为幼苗提供长达 4 年的营养供应。**（葛斌杰）**

巨子棕的根鞘（图源：葛斌杰）

归属问题

　　巨子棕最早由德国植物学家约翰·葛梅林（Johann Gmelin，1748—1804）于1791年正式发表，当时被划入椰子属。1878，德国植物学家赫尔曼·文德兰（Hermann Wendland，1825—1903）将其更正为现在的名称，归入海椰子属。

巨子棕可长至**25**米高，从幼苗到结果需要约**20**年。由于果实巨大，一般从发育到成熟需要**7~10**年。

冷知识

假如我们要带一颗巨子棕坐飞机经济舱*，还得为行李超重额外付费。

先生，您的行李超重，请付费！

经济舱

两粒还是一粒

　　超大的巨子棕看起来有两瓣，好像内含两粒独立的种子，所以也叫双椰子。其实，这是人们的误解。巨子棕只有一粒种子，只是外形长成两瓣罢了。

* 中国民航普通经济舱机票一般包含 20 千克免费托运额度。

为什么有的种子长成了小草，有的却长成了大树？

从城市绿地的低矮草坪，到热带雨林高耸入云的参天大树，再到高山荒漠的垫状植物……植物的模样千变万化，不同类群的植物"自然"是不同的样子——这不难理解，不同的基因决定了不同的模样。但你是否注意到，生长在同一生境下的不同种植物，往往也有相似的形态结构或生活方式，这就是趋同现象。

菱角的叶柄为什么和水葫芦那么像？

凤眼莲（通常被称为水葫芦）最早是作为饲料和观赏植物从美洲引进的，谁知其在中国南方如鱼得水、疯狂增殖，侵占河道、封闭水面……造成的巨大危害使其臭名远扬。这种入侵植物能够沿着水体扩散的一大原因是其叶柄具有中空的气囊，能让植株漂浮在水面上。无独有偶，江南水乡特产菱角的叶柄上也具有类似的气囊结构。可这两种植物分别属于雨久花科和千屈菜科两个家族，关系甚远，只不过在面对类似的生长环境中演化出了相似的结构。

叶柄膨大部分

凤眼莲

菱角

柳树的亲戚为什么长成了小草？

柳树是城市中河道两侧常见的绿化植物，除了柳絮纷飞时会给过敏症患者造成困扰外，基本一直是大家喜闻乐见的植物。柳树树形圆润，枝叶飘逸，又因"柳"音同"留"，自古以来都是文人墨客托物言志、借景抒情的自然载体。可近年发现，这种妇孺皆知的高大乔木在西南山地、青藏高原高海拔地区和北极圈内的草甸上居然也有亲戚，而且居然是一类低矮到匍匐在地面生长的垫状草本植物。常言道"木秀于林，风必摧之"，高海拔、高纬度环境的狂风、低温以及浅薄的土层，让各种植物在这里都不得不摧眉折腰以求生存。

生长在寒冷地区的垫柳身高只有几厘米，却和几米甚至几十米高的柳树是亲戚

被风刮成灌丛状的桦状南青冈

冷知识

生长在地球最南端的树木是桦状南青冈，一种主要分布在南美洲巴塔哥尼亚高原的乔木。不过，其在海岛上的同胞被凛冽寒风刮成了低矮的灌丛状。

像蜂鸟但不是蜂鸟

中国没有蜂鸟的自然分布，但有一种常被误认为蜂鸟的小豆长喙天蛾。实际上二者相去甚远，只是都拥有取食长花冠中花蜜的相似长喙。这就是动物的趋同演化。

人们在北美红杉所在的区域开辟了红杉国家森林公园，出于保护的原因，那棵最高的北美红杉的位置是保密的

长成大树究竟有哪些条件限制？

世界上公认最高的树木是生长在北美西海岸的北美红杉，目前最高的北美红杉树已高达近 120 米。人们十分好奇这个纪录能否被打破——由于水分的传输、光合作用的效率极限以及树体的机械强度等条件都在限制着树高，目前这棵北美红杉的树高已经十分接近科学家综合多种因素推得的树高上限。

另外，活得够长，足够幸运（不被雷劈中、烧死或者被人砍倒）也是长成世界第一高树的必要条件。历史上北美红杉和巨杉（另一种庞然大树）都曾遭到人类的大量砍伐，生长在澳大利亚塔斯马尼亚的王桉则多次遭遇山火——除了人为纵火，天然山火也是生态系统自然更新的一种方式。**（李晓晨）**

美国加州的红杉高速公路

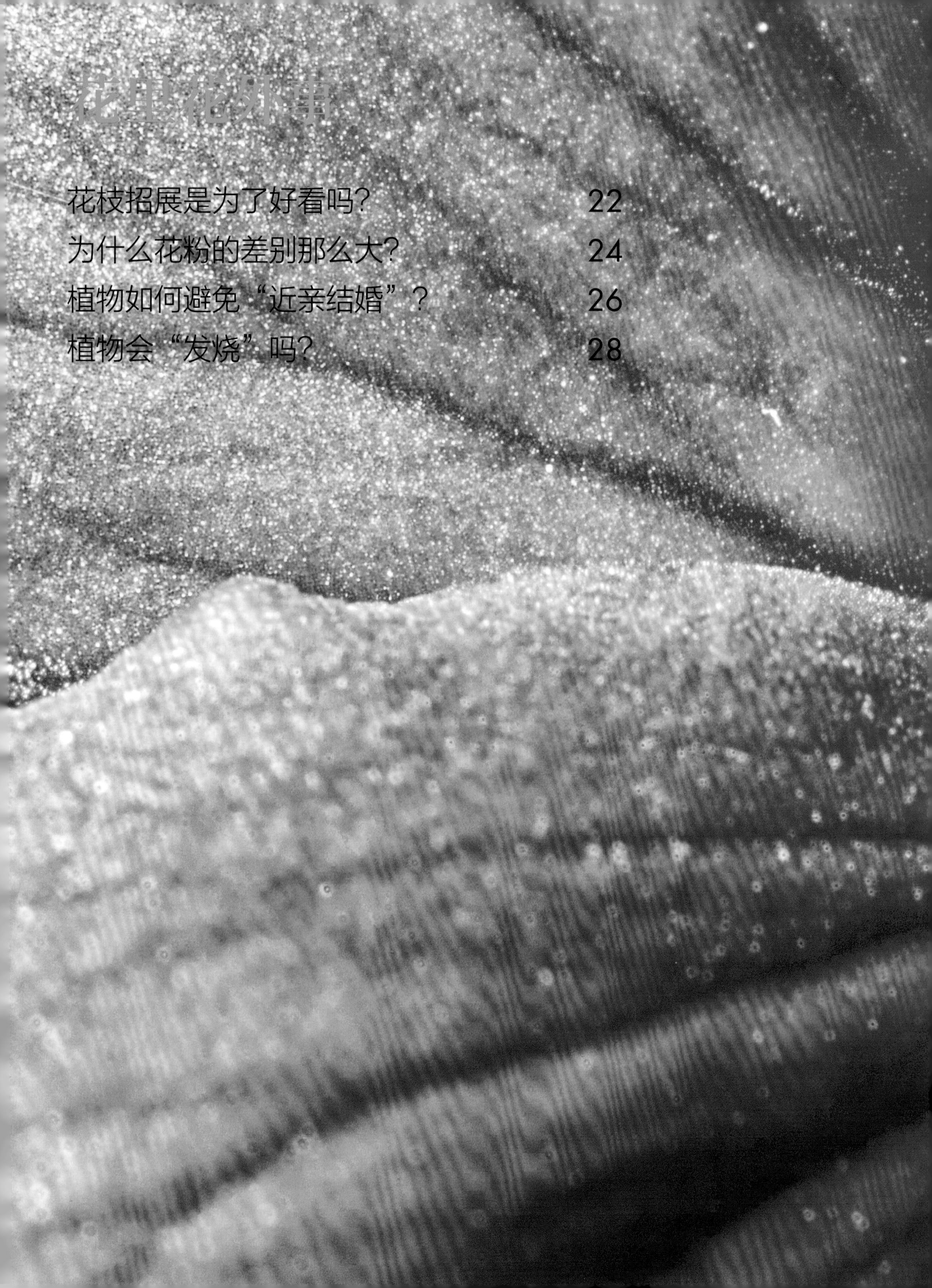

花里花外事

花枝招展是为了好看吗？

春暖花开，公园里樱花、桃花、玉兰花等各种鲜花你方唱罢我登场，争奇斗艳，引得人们纷纷驻足观赏。植物开花是为了好看吗？是也不是。

植物的花都好看吗？

自然界里既有好看的花，也有难看的花，其原因要从花里蕴藏的植物生存繁衍秘密说起——没错，花就是植物的生殖器官。

丑丑的青城细辛花长在地面上，要扒开叶子才能看到 （图源：陈彬）

花美花丑为了谁？

植物不能随意移动，想要将花粉从雄蕊传播到雌蕊就得借助外力。地球上 30 多万种开花植物为实现顺利传粉，可说是八仙过海、各显神通。

很多植物不仅有大大的花冠，还有鲜艳的颜色、营养丰富的花粉、甜美的花蜜和迷人的香味，吸引蜜蜂、蝴蝶等昆虫甚至蜂鸟、蝙蝠帮助传播花粉。

（图源：陈彬）

植物如何"既当爸又当妈"

在花的结构中，雄蕊扮演了"父亲"的角色，在雄蕊花药中产生的花粉带有"父亲"的遗传基因；而"母亲"雌蕊的子房中产生的胚珠则带有"母亲"的遗传基因。当花粉落到雌蕊的柱头上后，精细胞沿着花柱进入胚珠，两者融合，最终发育成种子。

（花的典型结构见本书第 13 页）

可也有些植物开的花又丑又臭，例如上海佘山就有野生的东亚魔芋：一个怪异的喇叭状花序突兀地从地下长出来，专门吸引苍蝇、甲虫等小动物传粉。它们也是虫媒花，却和苍蝇等臭味相投。

花朵的首要任务是传粉，只有当植物需要靠传粉者视觉识别进行传粉时，才会长出又大又好看的花朵，而靠其他传粉方式的植物，美貌就不是必需的了。（陈彬）

在上海佘山发现的野生东亚魔芋（图源：陈彬）

雄花

雌花

为什么花粉的差别那么大?

仔细观察花蕊,你会看见一个个小精灵似的颗粒。借助显微镜,你会发现它们一个个小巧玲珑,长相各不相同。

大胆的熊蜂正在用"嘴"(喙)直接戳进二月兰的花萼中享受美食(花蜜)

这只熊蜂的的腿毛上都沾满了花粉

什么是花粉?

要搞清楚花粉究竟是什么,先看它们从哪儿来。花粉是植物的雄性生殖细胞,也就是来自植物"父亲"的遗传物质和营养精华浓缩物。如果解剖一朵完整的花,就能看到典型的花朵结构中雄蕊由花药、花丝组成,花粉就产自花药。

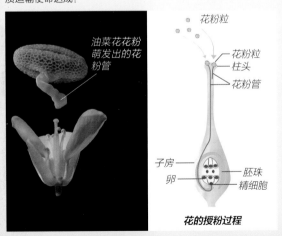

授粉过程

雄蕊上的花粉"跑"到雌蕊上后还会继续生长:长出花粉管,慢慢伸进花的子房中与胚珠结合,最终发育成种子,遗传物质运输使命达成!

油菜花花粉萌发出的花粉管

花粉粒

花粉粒
柱头
花粉管

子房
卵
胚珠
精细胞

花的授粉过程

世界上最大的花粉可能是大于 *200* 微米的长叶刺参花粉,世界上最小的花粉可能是小于 *5* 微米的勿忘草花粉。

花粉的长相有多奇葩？

人有鼻梁高低、眼睛大小之分，花粉也有它们自己的"容貌"特点，比如形状有球形、椭球形、长球形、圆三角形等，纹饰特征有条纹状、颗粒状、散孔状、光滑状……微米级别的花粉在电子显微镜下放大，可以看到其上可能有沟壑（沟）或孔穴（孔）。其中，长在沟壑中央的孔穴称为孔沟结构，在花粉形态中最为普遍，很容易让鉴定花粉的科研人员"脸盲"，倒是那些"长相"特别的花粉让人记忆犹新。

 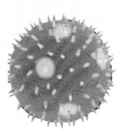 

采自海南的海桑花粉长着三张"嘴巴"（环孔）　南瓜花粉满身长着刺头，表面有少数"洼坑"（萌发孔）　圆三角形的荠菜花粉表面像爬满了蠕虫

花粉为什么这么多样？

双胞胎在长相上也会有细微差别，这不仅源于基因的差异，还受后天发育的影响。花粉的多样性也是由基因的多样性，最终表达为细胞上不同的花粉纹饰、大小、形状，以及是否有孔、沟或孔沟等差异。**（陈相洁）**

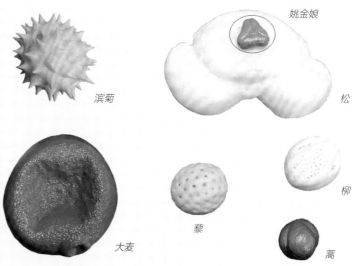

姚金娘

滨菊　松

大麦　藜　柳

蒿

花粉的 3D 模型生动显示了花粉形态的多样性以及大小的差异性
（本页图源：毛礼米）

植物如何避免"近亲结婚"？

目前，全球的植物大约有 30 万种。和我们人类分男女两种性别不同的是，大部分植物是雌雄同株的，即同一棵植物上既有雌花也有雄花，更常见的是一朵花中同时存在具有雌雄功能的结构。那么问题来了：植物如何避免近亲繁殖？

植物学家通过大量的野外观察与试验发现，即使是雌雄同株，大部分植物也都能规避自花传粉（自己雄蕊的花粉授给自己的雌蕊），其中最容易观察到的现象就是花的雌雄蕊时间与空间的错位。

雌蕊和雄蕊如何打时间差？

我们已经知道雌雄同株的两性花既有雄蕊也有雌蕊，可你知道同一朵花中的雌蕊和雄蕊成熟的时间也可能是不同的吗？有些种类雌蕊先成熟，做好了接受其他植株上花粉的准备；有些则是雄蕊先成熟，开始释放花粉。

在公园、植物园中常见的木槿、扶桑是雄蕊先熟的植物，蜡梅则是雌蕊先熟的植物。冬季，光溜溜的蜡梅枝条就开始绽放朵朵蜡黄色的花儿，即便雪压枝头也如期盛开。掰开腊梅的花，就可以发现虽然外观差不多，里面的结构存在一些区别：蜡梅的雌蕊成熟时，雄蕊还是处于下倾状态。待到雌蕊完成授粉，蜡梅花就进入雄花期：雄蕊抬起并向中间靠拢，鼓鼓的花粉囊向外开裂并释放花粉。所以，蜡梅能够巧妙地通过雌雄蕊成熟的时间差避免自花传粉。

挤在一起的花蕊如何保持距离？

报春花、酢浆草和千屈菜为了避免自花传粉，演化出了独特的花：雌雄蕊着生位置不同，"你走你的阳关道，我走我的独木桥"，河水不犯井水。报春花有两种类型的花：短花柱花（雌蕊比雄蕊短）和长花柱花（雌蕊比雄蕊长）。无论是哪种类型的花，雌雄蕊都不能直接接触，自然就避免了自花传粉。植物学家还发现，即便花粉掉落在雌蕊上，也是不能正常传粉的，只有两种类型的花之间才能成功传粉。

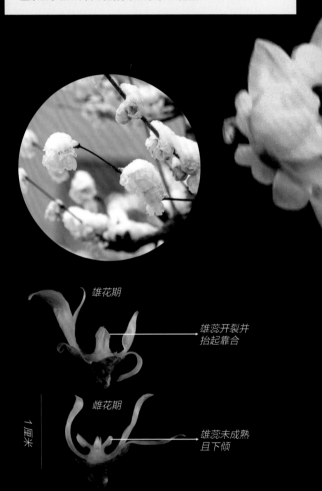

雄花期

雄蕊开裂并抬起靠合

雌花期

雄蕊未成熟且下倾

1厘米

蜡梅花的雌蕊和雄蕊会先后成熟，以避免自花传粉（图源：葛斌杰）

报春花有两种类型的花：长花柱花和短花柱花

雄蕊和雄蕊之间也有时间差?

    鸡肫梅花草的 5 枚雄蕊是依次成熟的:每当一枚雄蕊开始成熟就会被高高举起到整朵花的最高处,此时如有传粉昆虫过来首先就会碰到它。等这枚雄蕊的传粉期过了,它就慢慢下垂到整朵花的最低处,直至下弯到花托下方。"你方唱罢我登场",第二枚雄蕊接着开始成熟上岗,好像在传递奥运圣火。最终 5 枚雄蕊全部下弯,鸡肫梅花草的雌蕊才开始发育成熟。这样依次成熟的雄蕊延长了整个雄花期,从而增加了花粉传播的时间和成功率。

    这些镌刻在基因中的防近亲繁殖法则,让植物得以巧妙地避开自花传粉可能带来的遗传疾病,彰显了大自然的"智慧"。**(葛斌杰)**

同一种植物开花时间还受生长环境影响

    "人间四月芳菲尽,山寺桃花始盛开",说的就是海拔高低不同花开时间也有先后。

第一枚雄蕊成熟抬升
其他 4 枚卧于花心

雌蕊开始发育

5 枚雄蕊依次下弯,完成传粉

鸡肫梅花草的开花过程(图源:葛斌杰)

植物会"发烧"吗?

对我们人类来说,发烧是相对正常体温而言的高温状态。要论另一种生物会不会发烧,首先得看它们有没有相对恒定的正常体温……

植物有体温吗?

众所周知,人类是恒温动物。不过你可能不知道,植物也有"体温",但它们并不是恒温的。植物虽然也随着环境温度的变化来调整自己的"体温",却不会一直控制在一个特定的温度,而是气温高时通过蒸腾作用来散温,低气温时则尽量减少蒸腾来保温,以此应对一年四季的外界气温变化。有趣的是,植物也不全凭外界温度的变化来被动调控"体温",有时它们会主动地去增温,靠自己来加热自己。

什么植物拥有温暖的"心"?

主动加温的植物我们在路边就能见到,那就是作为观赏植物被广泛栽种的白玉兰。每年早春,白玉兰树上开满一树洁白莹润的花。对于我们来说,这象征着一个明媚春天的到来,但对白玉兰来说,这是它们一年一度的繁衍大任,还需要特别的策略调动料峭春寒里慵懒的传粉动物过来帮忙传播花粉。

白玉兰为了传播花粉，会有意地增高自己的"体温"，而且是 *2* 次！

白玉兰花的第一次加温在花骨朵刚刚绽放时。此时它们正处在雌蕊期，雄蕊还未成熟，需要吸引昆虫将另一朵花的花粉带过来，雌蕊上面的黏液可以粘住造访昆虫身上的花粉。科学家用红外热成像仪扫描白玉兰的花，发现在气温最高的中午，白玉兰通过自己产热加温，能使雌蕊温度达到约 22℃，比环境温度还高 6℃。

第二次加温是在白玉兰开花的第二天，此时白玉兰花处于雄蕊期，雄蕊开始散粉。经过两个时段的两次加温，白玉兰花的雄蕊可以超过环境温度 7～8℃。

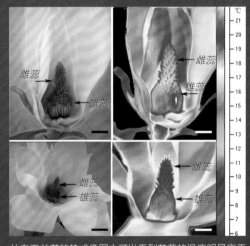

从白玉兰花的热成像图中可以看到花蕊的温度明显高于环境温度（图源：王若涵）

白玉兰"发烧"是病了吗？

白玉兰的主动增温行为其实是为了传粉：增温加剧了白玉兰花气味的释放，不仅能帮忙吸引更远处的传粉动物，还能给一些传粉昆虫提供额外的"福利"。白玉兰的主要传粉者是一些甲虫，它们在春寒料峭时更需要从外界摄取热量来保持自己的身体代谢，减少能量消耗。因此，正在开放的白玉兰花对于甲虫来说就相当于一间内有暖气的餐厅。靠着这种精心的策略，白玉兰才能在早春时节就获得成功传粉的优势。（廖鑫凤）

奇葩超能力

植物都不会动吗？

在相当长的一段时间里，人们都靠"会不会动"来区分身边的植物和动物。这种简单的方法虽然在很多情况下符合我们的本能认知，屡试不爽，但也可能会犯错。

且不说为适应极端环境被动运动的特例（如沙漠中能随风移动的风滚草），只要你的观察足够"用力"，也不难发现特定种类的植物有部分结构会以肉眼可见的速度运动，有些运动速度甚至能超过人眼能感知的程度……"天下武功，唯快不破"，这听起来简直比"九死还魂草"还富有武侠气息啊！

植物如何为授粉抓住时机？

除了大家耳熟能详的含羞草外，我们在公园中就能见到一些开着小黄花的小檗科灌木（如小檗属、十大功劳属）。这些植物看似静如处子的花朵中，雄蕊的花丝具有感受触碰的功能，一旦触发就能在 0.5 秒内快速向花的中部扑打。

据科学家推测：产生这种现象的原因是早春时节温度较低、传粉昆虫较少。若此时开花的植物好不容易等来一只飞虫把脚丫踩在了花丝上，雄蕊就要想方设法抓住这来之不易的机会，铆足劲将花粉一股脑甩在它身上送出去，从而提高传粉的效率。等这只虫子在花蕊里转悠过一阵，就被扑上了一层厚厚的花粉……

下次在街边见到开花的"十大功劳"，不妨用牙签轻碰其花丝基部，亲自感受一下"花蕊的速度"

这只蜂在水竹芋花间贪婪地享用花蜜，对"危险"毫不知情

花蕊是如何做到一石二鸟的？

原产南美洲的水生草本植物水竹芋（也叫再力花），虽然其貌不扬，但因适应性好已在中国普遍栽种。如果细心，你就有可能在水竹芋的花朵中发现一些小昆虫（如食蚜蝇、草蛉等）被紧紧地掐住脑袋，断送了小命。有人怀疑这种植物是新型食虫植物，但只要与其原产地联系起来，不难想到这其实是水竹芋的特殊传粉方式。

蜂鸟是南美洲一种重要的传粉鸟类，其体型小巧、飞行技能高超，可以随心所欲穿梭于花丛中为各类植物传粉，水竹芋便是其中之一。科学家通过解剖发现，水竹芋的花柱能在感受外界物理刺激的情况下发生快速扭转，就像一根原本笔直的木棍突然发生扭转变成了一小节弹簧……假如刺激花蕊的是蜂鸟的喙，那么这个扭转的过程就"一石二鸟"完成了两件事：将蜂鸟喙上沾着的其他花的花粉（如有的话）刮下，同时又将自己的花粉抹到了鸟喙上——整个过程时间不到1秒钟，令人叹为观止。

以后再说植物"不会动"，小心它甩你一脸粉哦！

（葛斌杰）

植物也能"变性"吗?

你可能听说过有些爬行动物的蛋可以随温度改变性别,有些软体动物甚至鱼类能"按需"变性,但你知道有些落地生根后就不再移动的植物也能变性吗?

植物有哪些性别?

要理解植物的变性,首先要认识一下植物的性别系统。大部分动物(包括人类,除个别特例外)每个个体从出生起就只有一种性别,正常情况下每个个体不会出现多性别共存。然而植物的性别系统就要复杂得多:一朵花可以是单性花(即雄花或雌花),也可以是两性花(既有雌蕊又有雄蕊),一株植物的性别组合最多可达 7 种!

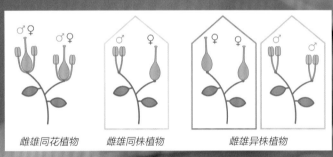

雌雄同花植物　　雌雄同株植物　　　　雌雄异株植物

植物的性别系统源于不同性别花的组合

我们熟悉的番木瓜主要有 5 种性别,即只开雄花的雄株、只开雌花的雌株、开两性花的两性株、雄花与两性花同株、雌花与两性花同株。水果店买到的番木瓜大多是两性株培育的品种所结。

番木瓜只有雌雄同花植株才能结出适合食用的果实(图源 葛斌杰)

全世界约 *30* 万种有花植物中,*75%* 左右是两性花,单性花只占少数。

当温度在 *26~32℃* 之间，番木瓜开的大多数是两性花，低于 *26℃* 或高于 *32℃* 便出现趋雌或趋雄现象。

通过控制温度的变化可以增加番木瓜的坐果率，从而增产增收

冷知识
　　动物也被称为单体生物，因为其性成熟后所有的器官就都长好了；而植物的花、果实成熟后还能掉落，第二年再重新生长，其器官可以像积木一样在不同阶段中逐步搭建形成——所以，植物也被称为构建生物。

番木瓜因何变性？

　　有趣的是，番木瓜的 5 种性别在不同温度下可以相互转变。通常气温由低变高（如春夏季节）时，番木瓜植株从雌花与两性花同株类型转而出现两性花植株，再出现雄花与两性花植株和雄株；反之，气温由高变低（如秋冬季节），番木瓜植株从雄花两性花同株、雄株转为出现两性花植株，再出现雌花与两性花植株。

　　由此可见，植物的性别转变往往不是就整体而言，而是不同性别比例之间的变化。当环境发生了改变，植物就通过调整自身的性别比例来充分利用生存环境中有限的资源：当所处的环境条件有利于繁育后代，植物的性别比例会往更容易结果的方向转变；反之，则多开雄花少开雌花，以减少后续资源的投入——从这点来看，植物还真是充满智慧的"投资高手"呀！（葛斌杰）

植物不绿会是什么颜色？

说起植物，人们的第一反应就是绿色。那么世界上有没有不绿的植物呢？有的！那它们是什么颜色的呢？我们首先来了解植物的绿色来自何处。

为什么这么多植物是绿的？

留在人眼中的绿色印象其实是植物中的叶绿素把太阳光中能量相对较低的绿光反射出来的结果。叶绿素是绿色植物的能量制造工场，也代表了植物的营养方式——它们"吃"的是太阳能。叶绿素利用太阳能来合成营养物质。那么问题来了：假如没有叶绿素，植物要怎么活呢？

菌异养植物水晶兰

菌异养植物裂唇虎舌兰（图源：刘基男）

不绿的植物怎么活？

你可能见过许多动物的白化现象：原本具有保护、隐蔽等功能的各色毛发因为制造色素的基因变异而失去色彩，就会得白化病……这对动物的生存虽然有影响（更容易被捕食者发现），但并不会影响其营养摄入，人类甚至会刻意培养白化的宠物品种，给足食物使其正常生长。可如果得了白化病的是植物呢？叶绿体异常就意味着植物将失去营养来源，它们将如何生存？

白化的铃兰属植物

其实，在自然界中不仅存在白化的植物，许多甚至从来就没有绿过。人们很早就关注到这些如幽灵一般生长在林下的奇异植物。它们没有叶子，往往只在开花时露出地表，也没有吸取其他植物体养分的寄生根，让大家一直以为它们是靠分解绿色植物为生的。

随着技术的发展（尤其是同位素追踪法），植物学家发现原以为的"腐生"植物几乎全是靠寄生而活，只是寄主不是植物而是真菌。因此，它们被称为菌异养植物。

植物为什么要"吃"菌？

菌异养植物是如何走上寄生真菌之路的呢？很可能就是从白化开始的。许多植物地下部分的根都与真菌的菌丝相互传递养分：植物传递碳水化合物给真菌，而真菌则用它们遍布在地下的细密菌丝网络（外生菌根）给植物网罗无机质营养，由此形成互利的共生关系。当植物出现白化个体时，这种共生的网络关系就会被打破，不能自养的植物只好走上了寄生真菌的逆袭之路。（廖鑫凤）

与外生菌根菌共生的树　菌异养植物　菌异养植物的营养模式

外生菌根菌

菌异养植物　腐生菌

朽木

植物"吃菌"派

植物"吃菌"也分两大流派：一派是寄生在腐生真菌上，另一派则寄生在植物的菌根菌上（这类占多数）——这也是为何菌异养植物大多都长在林下（尤其是大树围成的森林中）的原因。

真的有食人花吗？

　　耸人听闻的食肉植物甚至食人花，往往是幻想、冒险题材作品中的常客。那么，世界上到底有没有食人花呢？答案是否定的。但"吃肉"的植物的确有。

巴鲁大家鼠在舔舐马来王猪笼草捕虫笼的笼盖下表面

大食花（图源：神奇宝贝百科）

游戏中的食人花原型是谁？

　　植物大多可以自给自足——利用叶绿体进行光合作用，产生氧气的同时合成自身生长所需。但也有一些植物会吃肉！《精灵宝可梦》中敦厚的大食花和《植物大战僵尸》中凶猛的大嘴花都是在现实世界中有原型的。

　　大食花的原型是猪笼草属植物。昆虫被其分泌的甜味物质吸引，很容易失足跌落笼中，沦为猪笼草的盘中餐。这类植物中最知名的是原产东南亚的马来王猪笼草。它们以超大容积的笼子而著称：可容纳超过 2.5 升、相当于两大瓶可乐的消化液，甚至能捕获一些小型的哺乳动物。

　　大嘴花的原型则是捕蝇草。类似于游戏中的设定，它们的叶片特化成了可以运动的"捕捉夹"，当小虫子误入叶片，上面的纤毛就能感知到猎物，两面的叶片迅速合拢，将其困在其中。

大嘴花（图源：植物大战僵尸迷百科）

捕蝇草

阿诺德大王花直径可达 **43** 厘米。

大王花

霸王花（图源：神奇宝贝百科）

大型食人花真的存在吗？

　　《精灵宝可梦》中还有一种霸王花，其原型代表了另一种完全异养的生活方式：全株无叶绿体，通过寄生窃取其他植物的劳动成果来供养自己。这类不劳而获的植物却开着世界上最大的花。

　　霸王花散布气味迷惑敌人的技能，可能是糅合了另一种植物——泰坦魔芋的"本领"。这种植物看着高大威猛，实则人畜无害，既不吃肉，也不寄生，而是全靠自身光合作用的自养植物。泰坦魔芋的花被一层大衣一样的结构所包裹，这是一种特化的肉质结构——佛焰苞。开花时，佛焰苞内部的温度会逐渐升高，将模拟腐肉的气味抬升到雨林上空，飘向更远的地方以吸引食腐昆虫前来传粉。

> **冷知识**
>
> 　　中国境内唯一的大花草科植物是西双版纳的寄生花。近年来，科学家在这种植物体内发现了来自其寄主的基因片段——天然的"转基因"现象哦！

　　要支持如此大型的地上部分，泰坦魔芋的地下部分同样大得惊人。英国爱丁堡植物园栽培的一株泰坦魔芋，地下茎重达 **153.9** 千克。

这些奇葩植物是如何产生的？

　　捕蝇草生活在北美东南部的酸性沼泽中，猪笼草和大王花都能在东南亚山地的热带雨林中找到。它们的生活环境难以提供足够的氮元素，只得自己"加餐"。此外，热带雨林气候十分湿热，土壤中的腐殖质分解迅速，远没有人们想象中的肥沃，处于底层的植物难以获得足够的养分，食肉、寄生或腐生等异养方式都是它们为了生存而另辟蹊径。值得注意的是，这些生存手段并非独门秘技，它们属于生命之树上的不同分支家族，却殊途同归，有着异曲同工之妙。**（李晓晨）**

植物怎样防守反击？

在自然界，植物不是孤立生活的，它们与动物既有合作，也有攻防：动物不仅会吸食植物准备好的、作为传粉报酬的花蜜或花粉，也会吃植物的叶片等其他部位；而植物为了避免被动物啃食，同样使出了浑身解数。你可能想不到，看似随遇而安的植物竟有着各种防御手段。

盗蜜

一些昆虫（如木蜂和熊蜂）不经传粉通道，直接啃破花瓣、吸食了花蜜却不给植物传粉的现象称为盗蜜。

欺骗性传粉

一些杓兰属植物花的唇瓣会模拟熊蜂的巢穴，并将花粉涂在误入其中的熊蜂身上，这种"巢穴欺骗"就是植物欺骗性传粉的一种形式。

仙人掌的刺是用来防止骆驼啃食的吗？

说起植物的防御装备，最为直观的就是刺。原产自美洲的仙人掌生活在干旱的荒漠中，除了肥厚的茎能存储水分，为了减少水分蒸发其叶片高度退化甚至消失，取而代之的是一些刺状结构。这能抵御动物的啃食，但防不住骆驼：骆驼的嘴巴粗糙厚实，能直接把刺给压断。不过，仙人掌的刺本来就不是为了抵御骆驼啃食的。美洲大陆并没有骆驼，仙人掌是在传入其他大陆后才与骆驼相遇的。

冷知识

人们会将一些野生蕨类植物的幼苗经过处理当作野菜食用，但蕨类植物叶片中可能含有致癌物原蕨苷，因此不建议食用。

冷知识

一些仙人掌被人类选育、杂交，形成可食用的美味水果。例如，梨果仙人掌就有无刺或少刺的品种可供人用。

只有浑身带刺的不好惹吗？

除了毒刺，一些植物糟糕的口感也能在一定程度上减少被啃食的概率。蕨类植物很少有被啃食的痕迹，因为它们多富含单宁，味道苦涩，难以下咽。

尼古丁是一种剧烈的神经毒素，在茄科植物（如烟草）的根部合成，并蓄积在叶片中，能让啃食其叶子的昆虫中毒、麻痹甚至死亡，从而保护植株免受昆虫的侵扰。

蚁栖植物
　　以号角树为代表的一些植物，不仅提供花蜜"管吃"，枝干的一部分中空又"管住"，这类植物称为蚁栖植物。

荨麻疹和荨麻有什么关系？

　　荨麻疹是一种常见的皮肤病，症状是局部皮肤突然成块地红肿、发痒，几个小时后又消退得不留痕迹，还可能常常复发。这种症状不一定是荨麻引起的，但和接触到荨麻科植物的典型过敏反应很像，就以此为名流传了开来。

　　在野外，一些荨麻科植物鲜嫩多汁，是不少动物觊觎的食物，但荨麻的蜇毛不仅能扎破取食者的皮肤，还能像注射器一样向其皮肤中注入甲酸，造成烧灼刺痛感。这种物理和化学的双重攻击令包括人类在内的动物叫苦不迭。在户外郊游时请一定要注意避开荨麻类植物哦！

荨麻的蜇毛内含有甲酸，会造成烧灼刺痛感

植物怎样借力打力？

　　一些植物选择雇佣蚂蚁当保镖。乌桕的叶柄顶端有两个花外蜜腺，通过分泌蜜汁，吸引蚂蚁来抵御一些植食性"害虫"。有研究表明，入侵美国南部的乌桕的花外蜜总量明显少于中国南方的种群——乌桕在摆脱了害虫的侵扰后，得以将更多的资源分配给生长繁殖，专心繁衍后代，占领生存空间。这就是一个关于入侵植物增强竞争力假说的典型例子。

　　对于如何防止植物被吃这个问题，人类也操了不少心——保护作物或林木不受害虫啃食是植物保护学的重要研究内容。除了施打农药直接扑杀外，运用转基因技术导入抗虫基因能有效减少农药的使用，保证作物的产量的同时也对生态环境更友好。（李晓晨）

乌桕

增强竞争力假说
　　外来植物到达入侵地后，逃脱了原产地天敌的取食危害，会把原来用于防御天敌的物质和能量转移到生长方面，从而提升竞争力。

植物也会"群体免疫"吗?

一场新型冠状病毒疫情,使大家认识了许多传染病学上的概念,比如群体免疫。早在 20 世纪 80 年代,美国科学家就报道了一种奇怪的植物现象:柳树周围的"同胞"被天幕毛虫侵害后,它们自己就不会被天幕毛虫攻击。难道植物也会"群体免疫"?

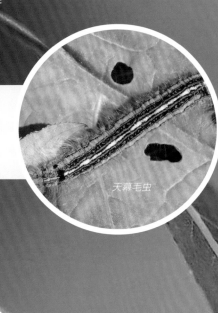

天幕毛虫

会"窃听"的柳树

1983 年,美国华盛顿大学的动物学家戴维·罗兹(David Rhoades)等人在研究十七年蝉时意外发现了柳树和天幕毛虫的关系。通过对比分析受害柳树与未受害柳树的叶片,他们发现未受害的植物也在叶片内合成了酚类和鞣质*。他们由此推测:未受害柳树"窃听"到了附近受害植物发出的信号,于是提前开始了防范。

*植物的抗虫物质,能使自己的叶片变得不好吃,且对昆虫有毒害作用。

植物是怎么"说话"的？

随着实验手段的进步和对植物认识的深入，植物之间的通信密码终于被破译了。美国科学家将被昆虫啃食过的植物用玻璃罩起来，同时也将未受害的植物同样罩起来后两者放在一起，则未受害的植物不会获得抵抗昆虫的"免疫力"，这意味着植物之间互相通风报信的信号是通过受损植物发出的气体信号而被感知的。

为了查明到底是什么充当了"狼烟"警报的信号，科学家收集了受损叶片与未受损叶片散发的气味，细致地分析两者之间的差异性部分。结果发现，其中一种气体分子含量在两者间差异十分明显，它就是茉莉酸甲酯（一种可挥发的小分子化合物）。正是这种气体从被虫咬的植物中释放出来，周围的植物就算没有被虫咬，接收到信号分子后也会积极准备抵抗昆虫。

这些研究也一步步揭开了同种或不同种植物之间甚至植物与其他生物之间都能通过挥发性的气体来充当信号，与人类发明的"烽火狼烟"视觉警报系统相当。

不同植物之间也能合作吗？

植物与相邻的其他植物通常是竞争关系，为何还要在共用的空气中散发警报信号让对手也提前防范呢？

据分析，这可能是植物防止昆虫大面积爆发的一种策略。毕竟昆虫数量庞大、繁殖迅速，植物往往是处于被动的一方，一旦虫害爆发对整个植物群体来说可能都是灭顶之灾。

植物间的另一种警报信号可能也佐证了这个观点：受到微生物的侵害时，植物会发出另外一种名为水杨酸甲酯的气体分子，它能让周边的植物提前对微生物产生一定的抗性。昆虫与微生物都能在植物中传播、爆发群体性侵染。因此，植物间演化出通信系统对它们的预警，并进行整体联动防止扩散，不失为一个有效的策略。（廖鑫凤）

种内信号　　　　　　种间信号

受害植物发出信号

植物能大战千军万马吗?

　　植物不能随意移动,所以一直处于食物链的底层,但这并不意味着自然界中没有能反杀动物的植物。在遍布奇花异草的东南亚雨林,有一种白环猪笼草不仅吃肉,而且只用一招就能吞吃掉成百上千的白蚁。

　　东南亚是猪笼草的大本营,但你只要看一眼就能把白环猪笼草与其他猪笼草区分开——它们捕虫的笼子口处有一道明显突出的白色圆环,这正是其绝杀千军万马的秘诀。当你白天看到这道白环已经消失不见的时候,很有可能是白环猪笼草已经得手了。

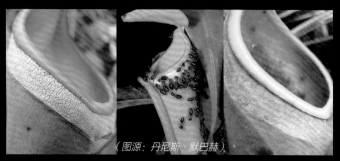
（图源:丹尼斯·默巴赫）

白环消失,说明白环猪笼草完成了对白蚁的反杀,其笼中也许已经堆满了多达上千只小小的白蚁尸体

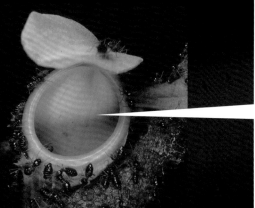

（图源:丹尼斯·默巴赫）

植物究竟如何反杀动物?

　　如果说这是一起特大白蚁凶杀案,已知凶手、凶器与受害者,"作案"的动机也有了,那么唯一还未揭示的关键就剩下白环猪笼草的作案手法了。

　　让我们把时间倒推到事发前的那天晚上。在东南亚雨林的夜色下,月光让猪笼草领口的白环十分醒目,而此时正是"受害者",一种须白蚁集体外出觅食的时间。这一晚对于须白蚁来说并没什么特别的,它们纷纷出动去寻找树上白色的菌丝与地衣,养活自己庞大的群居家族。须白蚁分工明确:侦察蚁负责往前去探寻食物,工蚁在队列的旁边保驾护航、防止敌袭。

　　当侦察蚁发现树上挂着的白环猪笼草的白环,看起来就像平时采集的植物,便会向大部队发出信号,不消多久大部队就会蜂拥而至,如取食地衣一般围着白环撕咬。不过,这块"食物"对须白蚁来说太大了,它们便不停地聚集准备合力搬运。

　　正是聚集造成了它们的伤亡。争先恐后涌过来的须白蚁大军会把前面的白蚁一点点往上逼,生生地把它们逼到笼口边缘,陷落下去。高峰时刻,每分钟被逼落笼中的白蚁可能多达二十几只,造成严重的踩踏事故。最终,白环猪笼草收集到的白蚁可多达千只!

　　等到白环被消耗殆尽后,猪笼草便不再对白蚁有吸引力。不过,白环猪笼草一夜之间俘获了无数的猎物,可谓"一年不开张,开张管一年"。剩下的时间,只需要慢慢消化从而获得环境中稀缺的氮、磷元素……（廖鑫凤）

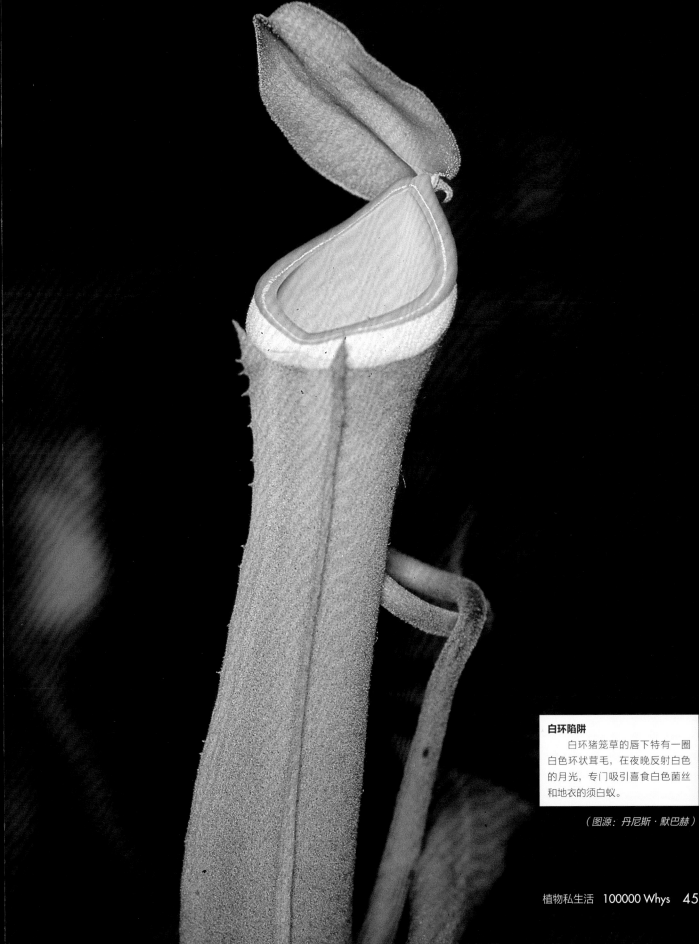

白环陷阱

　　白环猪笼草的唇下特有一圈白色环状茸毛，在夜晚反射白色的月光，专门吸引喜食白色菌丝和地衣的须白蚁。

（图源：丹尼斯·默巴赫）

已经灭绝的植物能复活吗？

　　《侏罗纪公园》开头，科学家利用琥珀中蚊子体内的恐龙血液成功复活了史前巨兽。实际上，不管是动物还是植物，遗传物质经过 6600 万年的沧海桑田早就降解得不成样子，要获得完整的 DNA 序列几乎不可能。因此，通过克隆技术复活恐龙在当下也只能是美好愿望。

随处可见的水杉、银杏和苏铁也濒危吗？

　　城市园林中常见的水杉、银杏和苏铁等看似数量众多，其实都是濒危植物。因为濒危植物的保育看重的是野生种群的保护，人工栽培数量就算再大，对野生种群基因多样性的保存作用仍然很有限。我们在公园里见到的水杉、银杏和苏铁是为了景观应用进行定向挑选，往往还是通过无性繁殖手段扩繁出的规格稳定均一的苗木。当然，园艺引种栽培中涉及的繁育技术及其作为科普宣教展示实体的作用，同样是濒危植物保护的重要环节。

南非德班植物园中引种的苏铁

20 世纪初，野外仅存的这棵伍德苏铁，后被繁殖引种到世界各地的植物园

世界上最濒危的植物是哪种？

　　伍德苏铁号称世界上最孤独的植物，野外仅有一处分布，即其发现地——南非恩古耶森林的一处山坡上。尽管包括南非德班植物园、英国邱园等世界著名植物园有引种，但这些引种都是来自最初这株野生雄性伍德苏铁的克隆体。而在那之后，就再没发现过其他的野生种群，更不用说雌性伍德苏铁。换句话说，这棵伍德苏铁只能在"打光棍"中度过余生了。如果它死亡，伍德苏铁就灭绝了。

苏铁真是古老的活化石吗？

　　苏铁类植物的祖先早在恐龙诞生之前就出现了，它们和松柏类、银杏类的祖先一起统治着史前地球陆地。但现生的苏铁类植物并非这些上古"遗民"的直系后代，而是距今 1200 万 ~ 500 万年前苏铁目物种爆发的产物。这么算来，现生苏铁与恐龙并无瓜葛。

如何为濒危植物保存火种?

想要保存现生的濒危物种,得在其灭绝前得到其遗传物质信息。对于植物,就是要搜集足够多的不同产地的种子。其实植物学家早已行动起来,世界著名的末日种子库(挪威斯瓦尔巴种子库和英国邱园的千年种子库,以及位于中国云南昆明的中国西南野生生物种质资源库等)正在全力以赴搜集和保存濒危植物和与人类生存息息相关的植物。(**李晓晨**)

挪威的斯瓦尔巴种子库位于北极永久冻土之下

中国西南野生生物种质资源库位于云南昆明(图源:李涟漪)

植物工作记

摇钱树真的存在吗？

中国古代传说中有一种宝树，只要摇一摇它就会有钱掉下来，被称为"摇钱树"。那么，世界上真的有这样的树吗？

假如世界上真的有摇钱树，那么摇钱树的钱会从哪里来呢？可以先找找有没有树能自己产生钱。目前还没有发现哪种植物可以直接长出钱，哪怕是用于制造钱的原材料（金属、纸张或塑料）。

那么植物有没有可能利用外界物质来合成钱呢？其实，不管是各种金属的钱币，还是像人民币一样有很多复杂图案的纸钞，都是人类精心设计，并用复杂的制作工艺以及专业设备制造出来的。

如果再退一步，问有没有植物可以合成一些值钱的金属，这个答案倒有可能是肯定的。澳大利亚的植物学者曾经在一些桉树的叶子上发现了细小的黄金颗粒——难道真的找到能合成金属的摇钱树了吗？可后来植物学家发现，这些树其实是吸收了地下金矿的微小金粒，然后储存到叶子和树枝中。而且这些树所含的黄金数量实在太少了，要打造成一个金戒指需要500多棵树，得到的黄金价值还不如这些树的价值高呢。

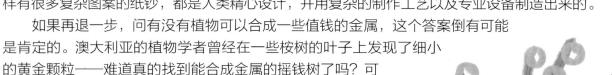

按树是树袋熊的最爱

冷知识

树袋熊以桉树叶为食物，但桉树叶的营养价值特别低，而且还有较大的毒性。为了适应吃桉树叶，树袋熊的肝有着比其他动物更强大的解毒能力。它们一天中大部分时间都在睡觉以降低能量消耗，睡眠时间最长可达20小时。

因为传说而被镶满钱币的树

嵌满硬币的树

英国曾发现过一棵树上密密麻麻地布满了钱币，就像是从树上长出来的一样。不过经调查后发现，原来在18世纪时，当地曾流传着一个传说：如果病人将硬币镶进树干里，那么他的病就会被树带走。于是，人们就争相把硬币镶嵌进了树干里——看来，这算是最接近"摇钱树"传说的一个现实案例了。

有像长满了"钱"的树吗？

不过，虽然现实中没有真的摇钱树，人们还是没有放弃对于摇钱树的向往，将植物世界中的一些树冠以"摇钱树"的别名。

这么多"摇钱树"，哪一种更符合你心目中的聚财宝树形象呢？（**周子渝**）

栾树因其果实像元宝一样一串一串地挂在枝头被称为"摇钱树"

枫杨的果实串串垂落，随风摇摆，好像钱串，因此得名"摇钱树"

元宝槭顾名思义，翅果长得像元宝，也有"摇钱树"之称

榆树因其果实形状与钱币相似，故被称为"榆钱"

蓝色妖姬是什么花？

　　曾经以独特亮眼的蓝色花瓣名噪一时的"蓝色妖姬"在现今花卉市场上仍备受青睐，经久不衰。"蓝色妖姬"为什么这么神秘？

　　其实，揭开"蓝色妖姬"那层神秘的面纱就会发现，这种蓝色的玫瑰花并没有那么"神奇"——其蓝色并不是自然生长形成的，而是人们将白玫瑰进行染色后的结果。

彩虹玫瑰

　　市面上有一些叫作彩虹玫瑰的花，其花瓣呈现出各种色彩，令人惊艳。彩虹玫瑰是将切开的玫瑰茎部分别浸入不同染色剂中形成的。

为什么没有天然的蓝玫瑰？

自然中为什么就没有天生蓝色的玫瑰花呢？花朵呈现出蓝色得具备两个条件：一是本身要有能合成让植物显蓝色的花翠素基因；二是具有能够使花翠素显现出蓝色的碱性环境。

自然条件下的玫瑰花不含有合成花翠素的基因，并且其细胞中的液泡大部分为低 pH 值，显酸性。所以，玫瑰花在自然条件下不会长出蓝色花瓣。

花 翠 素	
家 族	：花青素
分布地点	：植物细胞液泡内
特 性	：遇到酸性环境呈红色，遇到碱性环境呈蓝色

有天然生长的蓝色花吗？

自然界中的植物有很多种颜色，可蓝色的相对稀少。地球上 28 万种开花植物中，蓝花仅占 10%。但永远不要低估大自然的神奇魔力。即使开出蓝色的花需要那么多特定条件，自然界中仍然有一些植物可以开出偏蓝紫、蓝绿色甚至蓝色的花。**（周子渝）**

天蓝尖瓣藤（左）和翡翠葛（右）的花瓣是偏蓝绿色的

勿忘草（左）、蓝雪花（右）有浅蓝色的花瓣

（图源：钱栎屾）

玻璃苣（左）、绣球（中）和龙胆（右）的蓝色花瓣有时也会呈现为紫色

翠雀（左）和风信子（右）的花只有部分是蓝色的

蓝色妖姬常见染色方法			
方法	步骤	优点	优点
虹吸法	等白玫瑰快到成熟期时，将其切下来放进盛有蓝色着色剂的容器里。	着色自然，不易掉色。	着色一般需要两天左右，制作耗时较长。
浸泡法	将浅色花瓣的玫瑰倒置浸入蓝色的染料中，静置后取出，倒挂晾干。	制作时间短。	着色不自然，容易掉色。
喷色法	将蓝色染料直接喷涂到浅色玫瑰花瓣上。	制作时间短。	着色不自然，容易掉色。

棉花为什么这么重要?

衣食住行是人类生存的四件大事,防寒保暖的衣物和填饱肚子的食物更是重中之重。因此,在植物世界中,除了各种粮食蔬果,与人关系最紧密的当属棉花了。

棉花究竟是什么?

我们常说的棉花并不是一种植物,而是锦葵科棉属二十多种植物的通称。虽然叫花,但是人类真正利用的并不是棉花的花,而是其种子上的纤维附属物——就好像我们会长出头发一样,棉花的种子会长出很多雪白的纤维。虽然表面上看,棉花纤维是白色的,在显微镜下就能发现其本身是无色透明的,只不过这些中空的纤维中填充的空气让棉花看起来呈白色。也正是因为中空的结构,棉花才有了很好的保暖和透气性能。

今天,人类种植的棉花有 **4** 种,分别是草棉、树棉、大陆棉和海岛棉。

草棉发源于非洲南部,一直向东传入中国,但由于纤维粗短,现已很少栽培

来自美洲的**大陆棉**除了纤维很长,适于纺织,栽种性能尤其优良,几乎占目前棉花产量的90%以上

同样来自美洲的**海岛棉**产量虽然只有5%~8%,但其纤维是4种棉花中最长的,因而被用于高档面料,可谓棉花中的贵族

树棉是中国栽培历史最长的棉花种类,在战国时期就有种植的记录,在12世纪推广到中国全境后的数百年时间里,一直是中国棉花的主力,只是树棉的纤维还是不够长,在大陆棉出现后很快被取代

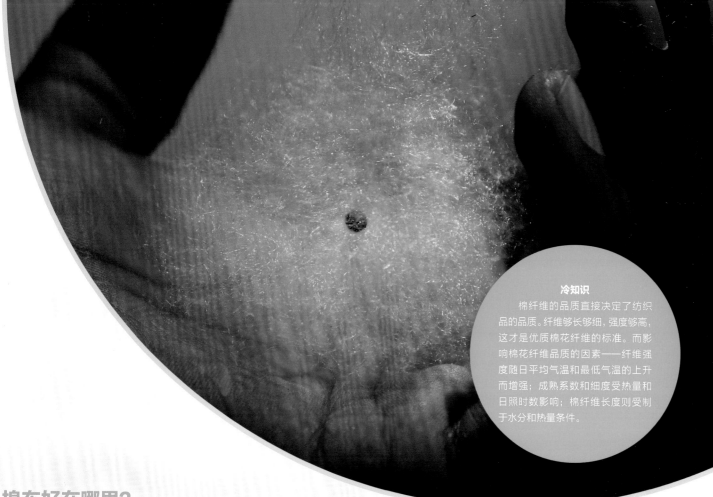

棉布好在哪里？

　　公元 10 世纪时，棉花被带到西班牙并在欧洲生根发芽，发展了当地最初的棉纺织业。当印度的印花布被贩卖到欧洲，欧洲人立刻就被这种面料征服了，柔软的质地、舒适的穿着感受加上艳丽的色彩，那才是完美的穿着衣料！实际上，欧洲在 18 世纪才有了真正意义上的棉纺织品。

　　中国人在南宋时期（公元 1250 年左右）开始大规模种植棉花。到今天为止，棉花已经是运用最广泛、用量最大的天然纺织材料。这跟棉花出色的性能是分不开的。棉花的纤维长，容易纺线，也容易牢固地附着色素，并且有良好的吸湿性和透气性，简直就是为人类衣物而生的植物原材料。棉纤维吸收水分之后，会变得胖胖圆圆的，就像泡发的方便面一样，可以吸进相当于其重量 1/4 左右的水分。穿着棉衣，人体排出的汗液可随时被棉织物吸收，沿着纱线输送到衣物外表面，并蒸发到空气中，于是皮肤就有了干爽的感觉。

　　随着人工合成纤维技术的发展，新兴的合成纤维有了比棉花纤维更好的吸湿排汗性能，但棉花的主力地位仍然会维持很长时间。

棉花对人类历史的影响有多大？

　　棉花的开发利用，不仅改变了人类的衣着，更在很大程度上影响了经济贸易和世界历史发展的进程，棉纺织业的迅猛发展也成为英国第一次工业革命的重要动力。不过，棉花带来的改变远不止这些，与棉铃虫的抗争还促使人类在对抗昆虫的道路上迈出了一大步；而让转基因作物真正商品化，棉花也在其中发挥了至关重要的作用。（**史军**）

旧时的麻布为什么会扎人
　　中国古代的纺织材料主要是苎麻。同棉线一样，苎麻的线是由很多根苎麻纤维混合而成的。在合成纺线的时候，总会有一些纤维探出头来，这些纤维头被称为毛羽，它们就是让人感觉到刺痒的原因所在。再加上苎麻的纤维头是尖锐的，更是让人刺痒难耐。所以，在棉花大规模种植之后，苎麻就被从衣物主力的位置上赶了下来。

我们为什么需要转基因棉花？

随着棉花种植面积的不断扩大，以及人类对棉花的依赖性越来越强，终究要面临病虫害问题，而让棉花种植者大为头疼的就是棉铃虫问题。种植抗虫的转基因棉花就是很环保、有效的解决办法。

棉铃虫有多可怕？

棉铃虫是一种棘手的害虫，在长江、黄河流域棉花主产区一个生长季节就会繁殖 4 ~ 5 代。棉铃虫幼虫的胃口超级好，对棉花的花蕾、花朵、果子和嫩叶都来者不拒。经过棉铃虫的一番啃食之后，棉田几乎会面临绝收的困境。

棉铃虫

虽然农药对于棉铃虫有一定的控制作用，但是很多棉铃虫已经有了抗药性。1995 年时，很多产棉区的棉铃虫对拟除虫菊酯类农药的抗药性已经到了惊人的程度。据说，有些地方的棉铃虫已经可以在农药里面游泳了——虽然有些夸张，但足以让人感受当时棉农的无奈。

转 Bt 基因玉米同样可以获得抵抗棉铃虫的免疫力

2014 年，中国转 Bt 棉的种植面积近 *390* 万公顷，农民对 Bt 棉花的采用率达到 *93%*，中国的棉田也没有再出现大规模的棉铃虫爆发事件。

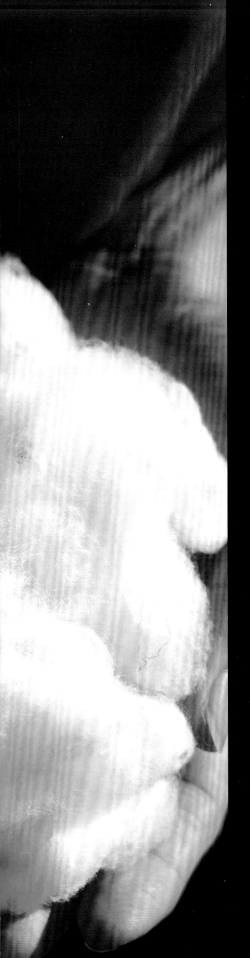

转基因如何对付棉铃虫?

科学家早在 20 世纪 50 年代就发现了一种能够高效杀虫且对人体无害的生物农药,这就是 Bt 蛋白(这里 Bt 的意思不是"变态",而是苏云金芽孢杆菌的拉丁名 *"Bacillus thuringiensis"* 的缩写)。这种细菌会产生一种特殊的蛋白质,进入昆虫肠道之后会发生水解,释放出对昆虫有毒的多肽分子。这些毒素可以与敏感昆虫肠道上皮细胞表面的特

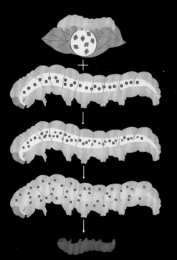

异受体相互作用,诱导细胞膜产生一些孔道,扰乱细胞的渗透平衡,引起细胞肿胀甚至裂解。伴随着上述过程昆虫幼虫将停止进食,最终饿死。人类的肠道上皮细胞表面没有 Bt 蛋白的受体,所以这种生物农药对人体是安全的。

但是,相对于菊酯类农药,Bt 蛋白的生产成本要高很多。即便是使用了新的基因重组菌株投入到生产当中,Bt 蛋白农药的使用仍然受到限制。更麻烦的是,Bt 蛋白太容易降解——这个特性在环保无残留方面是加分项,但是在长期稳定控制害虫方面就是弱项了。

要解决这一矛盾,最好的办法就是让作物自己生产 Bt 蛋白。20 世纪80 年代,随着转基因技术的迅猛发展,科学家把负责产生 Bt 蛋白的基因从苏云金芽孢杆菌中"搬"到了作物之中,并让这些作物能够产生 Bt蛋白。这样就可以让作物随时拥有保护自己的化学武器,这样不仅能提高杀虫的效率,还能减少施用农药的次数,对于保护肉食性昆虫也是有利的。

苏云金芽孢杆菌的孢子和双锥晶体

1987 年,第一个转 Bt 基因植物——转 Bt 基因烟草诞生,随后 Bt基因被导入各类作物中。1995 年,转 Bt 基因玉米、棉花和马铃薯 3 种作物首次在美国和加拿大实现了商品化。(**史军**)

古人用什么洗衣服？

提到洗衣服，你大概会想到洗衣液、洗衣粉、肥皂，但这些被发明之前人们是用什么来洗衣服的呢？不同的人有不同的办法，而皂角就是其中一个选项。早在宋代，中国人就已经学会将天然皂角捣碎，加上香料等物，制成桔子大小的球状"肥皂团"，用来洗脸或者沐浴。

皂角是皂荚树的果实，并不是现代肥皂制造的原材料。皂荚树生长缓慢，但寿命很长，可达六七百年，往往长得十分高大，浑身长满了刺。

皂荚树长得十分高大,树高可达 *15~20* 米,树冠可达 *15* 米。

长满刺的皂荚树及其荚果

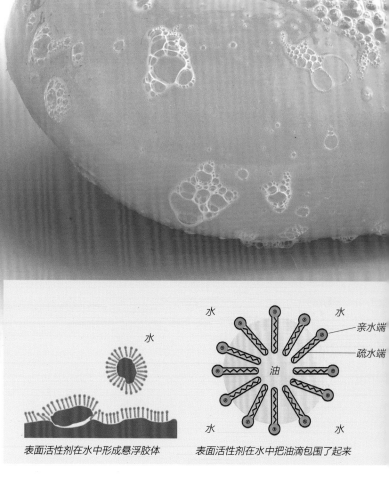

洗净衣服的是皂角中的什么成分？

皂角的荚皮中含有皂素，正是这种皂素能像肥皂一样产生泡沫，溶解和吸附衣服上的污垢，让其能随着水一起被冲走。在现代化工业中，拥有这种溶解和吸附污垢的能力的物质通常被称作表面活性剂。

表面活性剂是如何清除油污的？

当我们把表面活性剂的结构细分到分子的大小，就会发现它是由很多像"火柴棍"一样的结构组成的。"火柴头"一遇到水，就和水特别亲近，不愿分开；"火柴尾"一遇到油，就紧紧和它抱在一起。因此，当我们用洗涤剂（其中有效成分即表面活性剂）清洗油污的时候，这些"火柴棍"就会用尾部去紧紧地粘住油污，再把"火柴头"扎进水里，这样油污就跟着"火柴棍"跑到水中，衣服上的污渍也就被洗掉了。

水

亲水端

疏水端

水

油

表面活性剂在水中形成悬浮胶体

表面活性剂在水中把油滴包围了起来

除了衣服，皂角还能洗什么？

　　只要是油污，不管是衣服上的还是餐具上的都可以用皂角清洗。当然，自古以来也有用皂角洗头、洗澡的记载。但需要注意的是，弱碱性的皂角会对皮肤造成一定影响，因此要谨慎使用。

天然皂角比工业生产的洗涤剂更可靠吗？

　　比起现在市面上可买到的洗涤剂，用皂角洗东西需要经过采摘、熬制、加工等一系列步骤，耗时长，效率低，清洁效果也没那么立竿见影，可还是有人相信"纯天然就是最好的"。其实，这是一种误解，"纯天然"还真不一定比人造的化工制品好。在大自然中，很多纯天然的东西可能有未知的毒副作用，与其冲着"纯天然"的噱头拿自己冒险，不如选择成分和副作用都清清楚楚的化工制品更保险。**（周子渝）**

典籍中的皂角

　　《本草纲目》中记载了一种"肥皂团"的制作方法：肥皂荚生高山中，树高大，叶如檀及皂荚叶，五六月开花，结荚三四寸，肥厚多肉，内有黑子数颗，大如指头，不正圆，中有白仁，可食；十月采荚，煮熟捣烂，和白面及诸香作丸，澡身面，去垢而腻润，胜於皂荚也。

花粉是怎样帮助破案的？

花粉产自花药，是植物的雄性生殖细胞。别看花粉都是些毫米级的"小不点儿"，在破案方面，它们可算得上是"大佬"级别的！很多案件得不到直接证据时，可以依靠辨别花粉的来源来解读很多谜题，引领警方拨云见日，为缉拿真凶出一份力。

谁最早提出花粉可以"追凶"？

比起凶器、指纹等犯罪证据，花粉"追凶"还是一门年轻的刑侦技术。1916 年，瑞典博物地理学家伦纳特·冯波斯特（Lennart von Post，1884—1951）根据历史上有关花粉破案的实例，提出了花粉分析理论：嫌疑人或者受害者衣物等随身物件上的花粉可以推测案发地点、时间（季节），交通工具（车轮）上的泥土附着物中花粉证据可以推测案发轨迹，物证上的花粉证据可以推测物证来源以及地理分布……（陈相洁）

鞋底上的花粉

1959 年，在驶往奥地利维也纳的轮船上，一名乘客离奇失踪，而失踪乘客的朋友以及生意伙伴都不知道他的去向。警方对船上乘客的房间逐一进行检查，在失踪乘客朋友的房间里发现一双沾满泥土的登山鞋，通过对鞋子表面泥土中提取的花粉进行分析，发现了大量四千多万年前的桤木、松树化石花粉，这些花粉与始新世地层的花粉组合特征十分相似。有关专家根据地质图和植物地理分布图推断，犯罪地点只可能在维也纳南部地区的一个地方。最后，凶手在花粉证据面前不得不低头供认，老老实实地交代了整个犯罪过程。

罪犯衣物和车轮上的花粉

1980 年，美国伊利诺伊州一家农场遭到入室抢劫，抢劫犯还开着主人的卡车逃离了现场，随后又在一起酒吧抢劫案中被捕。但是犯罪嫌疑人拒不承认农场抢劫一案。警方找到了被盗卡车，发现在卡车车轮的泥土里和犯罪嫌疑人的衣服肩部都发现了玉米花粉以及玉米叶子碎屑，这些花粉正是来自于农场附近高速公路旁的玉米地。犯罪嫌疑人面对花粉铁证，只得认下了抢劫农场的罪行。

鼻腔中的花粉

1994 年，德国马格德堡市惊现 32 具男性头骨！经过侦查分析，推断嫌疑人选有两种可能：其一，死者是德国盖世太保在 1945 年春天残忍杀害的受害者；其二，死者在 1953 年夏天遭到了苏联秘密警察的杀害……这个陈年旧案让警方摸不着头脑，凶手到底会是谁呢？最后，花粉分析及法医学专家通过提取头骨鼻腔里的花粉粒，鉴定结果为车前草花粉（其母体植物的开花季集中在 7 月），由此指明了凶手。

（图源：陈相洁）

古器物上的花粉

一男子在美国得克萨斯州和墨西哥边境因携带一箱古器物被捕。该男子称这些古器物是在自己农场附近的洞穴里发现的，正打算运去给专家、收藏家们鉴定。警方怀疑此为违法文物，并对古器物上的灰尘样品以及编织型文物进行真空抽取花粉样品检验，结果发现此花粉样品与男子描述的在自己农场附近的植物花粉类型不一致，于是判定该男子私自运输文物出境的行为违法。

蜂蜜中的花粉

蜜蜂采完蜜后会将沾在身上的花粉一同带回蜂巢，使得蜂蜜中也含有大量花粉。因此，通过对蜂蜜中花粉类型的分析，就可以确认这是何种花蜜以及判定蜂蜜的来源。

1970 年，美国农业部为了严查美国农业补贴购买计划中购买的蜂蜜是否为国产的，对已购买的蜂蜜与国产蜂蜜中的花粉类型进行比较，发现花粉类型完全不一致，从而追查出美国农业补贴购买计划中存在购买低价非国产蜂蜜的违法行为。

图书在版编目（CIP）数据

植物私生活 / 葛斌杰等著. —上海：少年儿童出版社，
2023.1
（十万个为什么·少年科学馆）
ISBN 978-7-5324-8079-1

Ⅰ.①植… Ⅱ.①葛… Ⅲ.①植物学—青少年读
物 Ⅳ.① Q94-49

中国版本图书馆 CIP 数据核字（2022）第 225148 号

十万个为什么·少年科学馆

植物私生活

葛斌杰等　著
翟苑祯　绘图
施喆菁　整体设计
施喆菁　装帧

出版人 冯 杰
策划编辑 王 音
责任编辑 季文惠　美术编辑 施喆菁
责任校对 黄 蔚　技术编辑 谢立凡

出版发行 上海少年儿童出版社有限公司
地址 上海市闵行区号景路 159 弄 B 座 5-6 层　邮编 201101
印刷 镇江恒华彩印包装有限责任公司
开本 889×1194　1/16　印张 4.5
2023 年 1 月第 1 版　2024 年 3 月第 3 次印刷
ISBN 978-7-5324-8079-1 / N・1228
定价 32.00 元